KB165092

코로나19 예방·통제 핸드북

THE
CORONAVIRUS

가장 과학적이고 전문적인 코로나19 대응 매뉴얼 90

코로나19 예방·통제 핸드북

저우왕·후커·왕치앙·장짜이치 지음 ㅣ 전호상 옮김

엄중식 감수

PREVENTION AND
CONTROL HANDBOOK

나무옆의자

일러두기

이 책은 코로나19가 급속히 확산하던 시기 중국 국민들에게 신종 감염병에 대한 정확한 정보를 제공하기 위해 집필되었다. 한국어판에서는 중국 내에서만 쓰일 수 있는 일부 정보를 우리 사정에 맞게 개정하여 독자의 편의를 높였다.

✥

『코로나19 예방·통제 핸드북』
편찬위원회

편찬위원장	쉬용젠徐永健
	(화중과학기술대학교 동제의학원 부속 동제병원)
주 저 자	저우왕周旺 (우한시 질병예방통제센터)
부 저 자	왕치앙王强 (우한과학기술대학 의학원)
	후커胡克 (우한대학 인민병원)
	장짜이치张在其 (후난의약학원)
편찬위원	왕멍메이王梦玫 (우한대학 인민병원)
	샹샤오천向晓晨 (우한과학기술대학 의학원)
	장용시张永喜 (우한대학 중남병원)
	천웨이민陈为民 (우한대학 중남병원)
	천스양陈思阳 (우한과학기술대학 의학원)
	진샤오마오金小毛 (우한시 질병예방통제센터)
	자오양赵杨 (우한대학 인민병원)
	후샤펀胡霞芬 (우한과학기술대학 의학원)
	궈카이원郭凯文 (우한과학기술대학 의학원)
	잔나詹娜 (우한대학 인민병원)

추천사

　현재 코로나바이러스감염증-19(코로나19)는 최초 발생지인 우한에서 중국 전역으로, 나아가 다른 여러 국가로 확산되고 있다. 또한 코로나19의 확진자 수는 이미 2003년의 사스(SARS, 중증급성호흡기증후군)의 그것을 넘어섰고, 어느 정도의 사망률을 보이고 있다. 세계보건기구(WHO)는 코로나19가 가진 '비말 감염'이라는 특성에 주목하여 2020년 1월 31일 '국제적 공중보건 비상사태(PHEIC)'를 선포했다. 이는 코로나19의 위험성을 설명하기에 충분하다.

　지금까지 바이러스성 감염병에 정확한 치료법이 없었던 것을 고려하면, 코로나19의 예방 및 치료법은 감염원을 통제하고, 감염자를 조기에 발견하며, 확산 경로를 차단하고, 바이러스에 노출되기 쉬운 사람들을 보호하는 것이라 말할 수 있다. 물론 의료기관과 의료인들이 최전선에서 코로나19와 싸우는 주력군이지만, 보다 신속하게 감염 확산을 막기 위해서는 국민 개개인의 참여가 필수 불가결하다. 그러므로 국민들에게 코로나19에 관한 정확한 정보를 전달하는 것이 무엇보다 중요하다.

　이러한 필요에 따라 우한시 질병예방통제센터의 저우왕 교수는 관련 전문가들과 힘을 합쳐『코로나19 예방·통제 핸드북』

을 집필했다. 코로나19에 대한 기본적인 내용부터 바이러스 확산의 위험성, 감염자의 조기 발견과 조기 치료, 개인 예방수칙, 공중 위생수칙, 감염병 관련 상식 등을 실었으며, 의학적 지식이 부족한 독자를 위해 그림과 도표를 활용하여 이해를 도왔다.

코로나19가 유행하는 이 시기에 시의적절하게 출판된 이 책이 국민들에게 정확한 지식을 전달하여 감염병을 통제하고 사회가 공황 상태에 빠지는 것을 막는 데 유익한 역할을 할 것이라 확신한다.

2020년 1월

중국공정원 원사 중난산鐘南山

서문

2019년 12월 중순 이후로 중국의 각급 정부와 보건위생행정 주관 부서는 우한에서 단기간에 발생한 발열, 피로감, 기침, 호흡 곤란 위주의 증상을 보이는 원인불명의 폐렴 병례에 대해 높은 관심을 가지고 빠르게 질병통제기구를 조직했고, 의료기관과 연구기관은 치료와 연구에 매진하여 각급 정부에 적극 협조했다. 이런 과정을 거쳐 이 병례들의 원인을 신종 코로나바이러스로 신속하게 확정할 수 있었다. (이 바이러스를 세계보건기구에서는 2019-nCoV, 국제바이러스명명위원회에서는 SARS-CoV-2로 각각 명명했고, 세계보건기구는 이 바이러스로 생긴 유행성 질환을 COVID-19(코로나19)로 명명했다).

우리는 대중의 요구에 발맞춰 관련 전문인력을 확대 파견하여 코로나19라는 이 새로운 질병을 연구했고, 이를 통해 개개인이 예방 활동을 할 수 있도록 지도함으로써 바이러스 전파의 위험성을 낮췄다. 우한시 질병예방통제센터는 경험이 풍부한 감염병 관련 전문가, 병원 생물과 면역 전문 연구원 및 대학병원의 교수급 의사를 긴급히 초청·조직하여 이 책『코로나19 예방·통제 핸드북』을 집필했다.

이 책은 코로나19에 대한 기본적인 내용, 바이러스 확산의 위험성, 감염자의 조기 발견과 조기 치료, 개인 예방수칙, 공중 위생수칙, 감염병 관련 상식 등 6개 주제에 대해 설명하고 있으며 그림과 도표를 함께 실어 이해를 도왔다. 이로써 신종 감염병에 대한 불확실한 의혹을 불식하고 대중에게 정확한 지식을 전달하고자 했다. 이렇게 대중과 함께 성벽을 쌓아 재난과 싸운다면 우리는 코로나19와의 전쟁에서 분명 승리할 수 있을 것이다.

이 책의 모든 내용과 정보는 게재된 문헌과 관련 기관의 공식 보고서를 모은 것이다. 시간이 부족하여 참고문헌에 관한 정보를 표시하지 않은 점, 그리고 이 신종 질병에 대한 정보가 아직 부족하다는 점에 대해 사과하며 독자 여러분의 너그러운 이해를 구한다.

2020년 1월
『코로나19 예방·통제 핸드북』편찬위원회

차례

1장 코로나바이러스감염증-19란 무엇일까?

2장 코로나바이러스감염증-19의 감염력은 얼마나 강할까?

3장 감염자의 조기 발견과 조기 치료는 어떻게 해야 할까?

4장 감염을 막기 위한 개인 수칙에는 무엇이 있을까?

5장 감염을 막기 위한 공공 위생수칙에는 무엇이 있을까?

6장 감염병에 대해 알아두어야 할 상식은?

1장

코로나바이러스감염증-19란 무엇일까?

생물학적 특성, 병원성(Pathogenicity), 전파경로, 유행 현황

01. 호흡기 바이러스란 무엇일까?

호흡기 바이러스(Viruses associated with respiratory infections)는 호흡기관으로 침입하여 호흡기관 점막상피세포에서 증식한 뒤, 기관 국부에 감염을 일으키거나 호흡기 외 조직 기관에 병변을 일으키는 바이러스를 말한다.

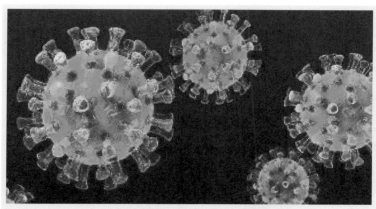

메르스 코로나바이러스의 3D 이미지

O2. 호흡기 바이러스의 종류에는 어떤 것이 있을까?

주로 오르토믹소바이러스과(Orthomyxoviridae)의 인플루엔자 바이러스, 파라믹소바이러스과(Paramyxoviridae)의 파라인플루엔자 바이러스, 호흡기 세포융합 바이러스, 홍역 바이러스, 유행성 이하선염 바이러스, 헨드라 바이러스, 니파 바이러스, 토가바이러스과(Togaviridae)의 풍진 바이러스, 피코르나바이러스과(Picornaviridae)의 리노바이러스, 코로나바이러스과의 사스(SARS, 중증급성호흡기증후군) 코로나바이러스 등이 있다. 이 외에 아데노바이러스(Adenovirus), 레오바이러스(Reoviridae), 콕삭키바이러스(Coxsackievirus), 에코(ECHO, Enteric cytopathic human orphan) 바이러스, 헤르페스 바이러스(Herpes virus) 등도 호흡기 감염성 질환을 일으킬 수 있다.

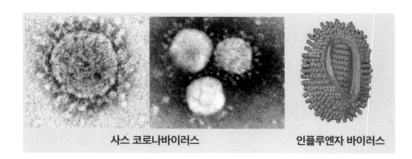

사스 코로나바이러스　　　　　인플루엔자 바이러스

O3. 코로나바이러스란 무엇일까?

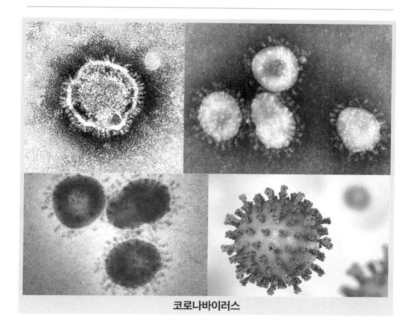

코로나바이러스

코로나바이러스는 RNA(리보핵산)바이러스로 코로나바이러스과, 오르토코로나바이러스과(Orthocoronavirinae)에 속하며 항원형과 유전적 특성에 따라 알파, 베타, 감마, 델타 네 가지로 분류한다. 바이러스 입자 표면의 돌기 형태가 왕관(Corona)과 닮아 코로나바이러스라 명명되었다.

04. 코로나바이러스는 어떤 형태와 구조를 가지고 있을까?

코로나바이러스는 포막이 있고, 입자가 원형 혹은 타원형이며, 대부분 다형성으로 관찰된다. 크기는 지름 50~200nm(나노미터, 10억분의 1미터)이다. 신종 코로나바이러스의 크기는 지름 60~140nm이다.

S단백질은 바이러스 표면에 위치하며 막대구조를 형성한다. 바이러스의 주요 항원 중 하나로 유전자 형태를 분별하는 요소이기도 하다. N단백질은 유전체를 싸고 있으며 항원 진단에 쓰인다.

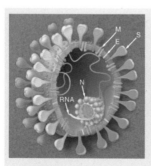

코로나바이러스 입체 구조

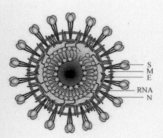

코로나바이러스 평면도

단백질구조
S 단백질
E 단백질
M 단백질
N 단백질

05. 코로나바이러스의 종류에는 어떤 것이 있을까?

코로나바이러스 감염은 대부분 동물에서 나타나는데, 현재 인체에서 분리해낸 코로나바이러스로는 코로나바이러스 229E, OC43, 사스 코로나바이러스(SARS-CoV) 세 가지 형태가 있다. 이전에 이미 사람을 감염시키는 코로나바이러스 6종(알파속의 229E, NL63, 베타속의 OC43, HKU1, MERS-CoV, SARS-CoV)이 보고된 바 있다. 최근 우한에서 발생한 원인 불명 폐렴에서 분리한 신종 코로나바이러스(세계보건기구에서는 2019-nCoV, 국제바이러스 명명위원회에서는 SARS-CoV-2로 각각 명명했다.) 역시 사람을 감염시킬 수 있다는 사실이 새롭게 증명되었다.

신종 코로나바이러스(SARS-CoV-2)와 이전에 발견한 6종의 코로나바이러스는 유전적 배열이 유사하다. 특히 신종 코로나바이러스와 사스 코로나바이러스는 매우 유사하다. 신종 코로나바이러스는 코로나바이러스 베타형에 속하는 것으로 보고 있다.

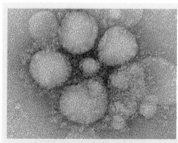
메르스 코로나바이러스

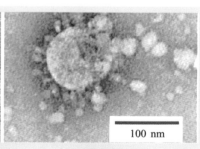
100 nm
사스 코로나바이러스

06. 어떤 야생동물이 코로나바이러스의 숙주가 될까?

많은 야생동물이 바이러스의 숙주로 감염병의 매개체가 될 수 있다. 일반적으로 박쥐, 사향고양이, 오소리, 대나무쥐, 낙타 등이 코로나바이러스의 숙주로 꼽힌다.

우한에서 시작된 코로나바이러스감염증-19(코로나19)는 2003년에 광둥성에서 발생한 사스와 유사한 점이 많다. 모두 겨울철에 발생했고, 동물 거래 시장에서 살아 있는 야생동물과 접촉한 사람에게서 최초로 발생했으며, 이전에 알려지지 않은 새로운 코로나바이러스로 발생했다는 점이다.

신종 코로나바이러스인 코로나19 바이러스는 박쥐의 코로나바이러스와 유전자 배열이 85% 이상 일치한다. 때문에 코로나19 바이러스의 숙주는 박쥐일 것이라 예상한다. 2003년에 발생한 사스와 같은 경우라면 코로나19 바이러스는 박쥐에서 중간 숙주를 통해 인간으로 전파되었을 가능성이 높다.

따라서 야생동물과 접촉하지 말고 검역되지 않은 고기를 생으로 먹지 말아야 한다. 노점에서 파는 고기를 무분별하게 먹는 것은 매우 위험하다.

박쥐   사향고양이   오소리   대나무쥐

07. 코로나바이러스는 어떻게 야생동물에서 사람으로 전파될까?

인간을 감염시키는 많은 종류의 코로나바이러스들은 박쥐와 관련이 있고, 박쥐 역시 많은 종류의 코로나바이러스의 숙주이다. 박쥐는 코로나19 바이러스의 최초 숙주일 것으로 예상된다. 아마도 코로나19 바이러스는 변이를 거쳐 '박쥐 → 중간 숙주 → 사람'이라는 경로로 전파되었을 것이다. 코로나19 바이러스는 박쥐의 코로나바이러스와 유전자 배열이 85% 이상 일치한다. 박쥐와 사람 사이에 더 많은 중간 숙주가 존재할 수 있지만 아직 명확하게 밝혀진 것은 없다.

코로나바이러스는 동물에서 사람으로 감염되고, 다시 사람 사이에 감염되는데, 주로 접촉 감염과 비말 감염을 통해 전파된다.

HKU1, 사스 코로나바이러스, 메르스 코로나바이러스, 코로나19 바이러스 등의 코로나바이러스가 사람에게 폐렴을 일으킬 수 있다는 것은 이미 증명되었다.

25

08. 코로나바이러스는 얼마나 오래 생존할까?

바이러스는 매끈한 물체 표면에서 수 시간 생존한다. 온도와 습도가 적당하다면 바이러스는 수일까지도 살 수 있다. 코로나바이러스는 자외선과 열에 약하며, 56℃에서 30분간 노출되거나 에틸에테르, 75% 에탄올, 염소를 함유한 소독제, 과산화아세트산에 노출되면 사멸되고, 클로로헥시딘(구강소독제 등에 사용)으로는 사멸되지 않는다.

코로나19 바이러스의 환경에 따른 생존 시간은 다음과 같다.

환경	온도	생존 시간
공기	10~15℃	4시간
	25℃	2~3분
비말	25℃ 이하	24시간
콧물	56℃	30분
액체	75℃	15분
손	20~30℃	5분 이하
부직포	10~15℃	8분 이하
목재	10~15℃	48시간
스테인리스	10~15℃	24시간
75% 에탄올	온도 무관	5분 이하
표백제물	온도 무관	5분 이하
비눗물	온도 무관	5분 이하

09. 코로나바이러스는 어떻게 발병할까?

사람들은 코로나바이러스에 쉽게 감염되고, 일반적인 감기나 인후염 증상을 보인다. 어떤 바이러스는 설사를 일으키기도 한다. 코로나바이러스는 주로 비말과 접촉으로 감염되며 에어로졸과 소화기관을 통한 감염은 아직 확실히 증명되지 않았다. 주로 겨울철과 봄철에 유행하고 잠복기는 보통 3~7일이다.

코로나19 바이러스는 항원이 변이된 코로나바이러스의 일종이다. 이 바이러스의 최단 잠복기는 1일이며 최장 잠복기는 14일이다. 잠복기는 일반적으로 14일을 넘기지 않으나 24일간 이어진 사례도 보고된 바 있다.

어떤 바이러스의 피해 정도를 파악하기 위해서는 전염성과 치사율을 고려해야 한다. 코로나19 바이러스는 전염성이 강하며 어느 정도의 치사율을 보이고 있다. 그러나 현재 정확한 치사율을 확정하지는 못한 상태다.

10. 사스란 무엇일까?

　사스(SARS, 중증급성호흡기증후군)는 사스 코로나바이러스 (SARS-CoV)를 병원체로 하는 호흡기 감염병이다. 사스의 주요 증상은 발열, 기침, 두통, 근육통 및 호흡기 감염 증상이다. 대부분의 환자는 자연 치료되거나 병원 치료로 회복되었다. 사스의 질병 사망률은 10%이며, 40세 이상 혹은 기저 질환(관상동맥성심질환, 당뇨, 천식, 만성폐질환 등)이 있는 환자의 경우 사망률이 높았다.

11. 메르스란 무엇일까?

    메르스(MERS, 중동호흡기증후군)는 메르스 코로나바이러스(MERS-CoV)에 감염되어 생기는 호흡기 감염병이다. 사우디아라비아, 아랍에미리트 등의 중동 국가에서 가장 먼저 유행한 것으로 알려져 있다. 이 바이러스에 감염된 환자는 급성호흡곤란증후군(ARDS)을 호소했는데, 흔히 오한을 동반한 발열, 기침, 호흡곤란, 근육통 및 설사, 구역질, 구토, 복통과 같은 소화기 증상을 나타냈다. 중증 환자는 호흡부전으로 중환자실에서 여러 의료기기를 사용하여 치료해야 했다. 몇몇 환자는 장기 손상이 있었으며, 특히 신부전과 감염성 쇼크로 인한 사망 사례가 많이 보고되었다. 질병 사망률은 대략 40%이다. 메르스는 2012년 세계보건기구(WHO)에 최초 보고된 이래로 전 세계 26개 국가에서 발생하여 세계 공중위생에 큰 위협을 끼쳤다.

12. 코로나19는 무엇이고 왜 유행하는 것일까?

코로나19를 일으키는 바이러스는 변이한 코로나바이러스(베타)의 일종이다. 세계보건기구에서는 이 바이러스를 2019-nCoV로, 국제바이러스 명명위원회에서는 SARS-CoV-2로 각각 명명했다. 2020년 1월 10일 코로나19 바이러스(SARS-CoV-2)의 유전자 배열을 최초로 밝혔고, 이후 계속해서 5개 샘플의 바이러스 유전자 배열을 공표했다.

코로나바이러스가 항원 변이를 일으켜 신종 코로나바이러스가 생긴 까닭에 변이된 바이러스에 대한 인체의 면역력이 부족한 데다, 바이러스의 전파 형태가 다양하여 코로나19가 지금과 같이 대유행하게 되었다.

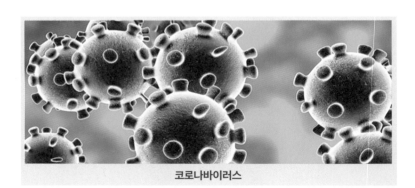

코로나바이러스

13. 코로나19는 감염 후 면역력에 어떤 영향을 끼칠까?

코로나19 바이러스에 감염된 인체에 생성되는 보호성 면역 항체의 정도나 항체의 지속 시간은 아직 과학적으로 증명되지 않았다. 일반적으로 인체가 바이러스에 감염되고 2주 정도가 지나면 체내에 보호성 면역 항체(IgG)가 생긴다. 이 항체는 대략 수주 혹은 수년까지 지속하므로 이 기간에는 같은 종류의 바이러스에 어느 정도의 방어력이 생긴다.

2장

코로나바이러스감염증-19의 감염력은
얼마나 강할까?

지역사회폐렴, 감염원, 전파경로, 예방

14. 지역사회폐렴이란 무엇일까?

지역사회폐렴(Community acquired pneumonia, CAP)은 병원 밖에서 감염된 감염성 폐실질*염증(폐포 벽, 즉 넓은 의미로 폐간질**도 포함한다)을 말하며, 명확한 잠복기를 가지는 병원체에 감염되어 병원을 방문한 후 평균 잠복기 내에 발병한 폐렴도 포함한다.

---

* 폐실질: 폐를 실제적으로 구성하고 있는 조직.

** 폐간질: 실질세포 사이 조직.

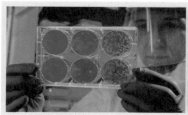

15. 지역사회폐렴은 어떻게 진단할까?

지역사회폐렴의 임상 진단 기준:

① 지역사회 발병

② 폐렴과 관련 있는 임상 표현은 다음과 같다.

- 기침, 객담이 새로 발생하거나 만성 호흡기 질병이 심해진 경우. 화농성 가래, 흉통, 호흡곤란, 객혈 등을 동반하거나 동반하지 않는 경우.

- 발열.

- 폐실질 병변 관련 증상, (또는) 습성 수포음*.

- 백혈구(WBC) 수치가 10×10^9/L 이상이거나 4×10^9/L 이하이고, 호중구(백혈구의 하나) 수치의 이상을 동반하거나 동반하지 않는 경우.

③ 영상 의학 검사 소견: 흉부 엑스레이에서 폐침윤, 폐실질 또는 폐간질의 변화가 관찰되며 흉수를 동반하거나 동반하지 않는 경우. 임상 진단에 영상 의학 소견을 더하여 비감염성 질병과 구별해 확진한다.

---

* 습성 수포음: 기관지에서 분비되는 물질과 공기가 섞이면서 나는 소리.

16. 지역사회폐렴을 일으키는 병원체는?

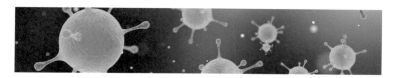

　급성 호흡기 질환을 일으키는 가장 흔한 병원체로는 세균, 바이러스 혹은 세균-바이러스 복합체, 클라미디아, 미코플라스마 등이 있다. 신형 병원체(예를 들면 코로나19 바이러스)는 급성 호흡기질환을 대유행시킬 수 있다.

　세균은 지역사회폐렴을 일으키는 주요한 병원체다. 폐렴알균 폐렴은 가장 흔히 보이는 세균 폐렴 중 하나다.

　클라미디아, 미코플라스마, 헤모필루스 인플루엔자, 폐렴간균(Klebsiella Pneumoniae), 대장균, 황색포도알균이 흔히 보이는 폐렴을 일으키는 병원균이다. 녹농균, 아시네토박터 바우마니(Acinetobacter Baumannii)는 소수의 폐렴 병례에서 관찰된다.

　중국에서 성인 지역사회폐렴 환자 가운데 바이러스가 검출된 비율은 15~34.9%다. 그중 인플루엔자의 비율이 가장 높다. 이 외에 파라인플루엔자 바이러스, 리노바이러스, 아데노바이러스(Adenovirus), 호흡기세포융합바이러스, 코로나바이러스가 검출되었다. 바이러스 검사에서 양성을 보인 환자의 5.8~65.7%는 바이러스-세균 결합형 폐렴이나 비정형 폐렴 환자다.

17. 지역사회폐렴은 어떻게 전염될까?

이론상 지역사회폐렴을 일으키는 모든 병원체는 잠재적으로 사람 사이에 전염될 위험성이 있다. 병원체는 감염원에서 감염되기 쉬운 사람들에게로 비말, 접촉, 에어로졸 등의 방식으로 전파된다.

겨울철 기후와 인구 유동(명절 대이동) 등의 영향으로 지역적으로 호흡기 감염병이 대유행할 수 있다. 환자나 보균자들의 기침과 재채기 등으로 인한 비말 직접 감염이 주요 원인이다.

18. 지역사회의 어떤 요소가 폐렴을 전파할까?

가을과 겨울은 인플루엔자 등의 호흡기 바이러스가 유행하기 쉬운 계절이다. 각종 감염병 대부분이 이 시기에 출현한다. 이 시기에 나타나는 상기도 감염과 초기의 코로나19는 구별이 쉽지 않다.

지역사회폐렴의 감염원은 주로 환자, 환자의 가족, 문병객 및 그들이 생활하는 환경이다.

지역사회폐렴의 전파력은 아래 요인과 관련이 있다.

① 환경 요인: 대기 오염, 실내 인구 밀집도, 습도, 실내 위생, 계절, 온도 등.

② 보건 의료 서비스와 감염 예방 조치의 접근성과 유효성: 예방 주사, 보건 위생 기관의 접근성과 격리 능력 등.

③ 숙주 요인: 숙주의 연령, 흡연 여부, 감염성의 정도, 면역력, 건강 상태, 기타 병원체 감염 여부 등.

④ 병원체의 특징: 전파 방식, 감염력, 병독성, 병원체의 양 등.

19. 지역사회폐렴을 예방하려면 어떻게 해야 할까?

감염원의 통제: 급성 호흡기 질병 환자는 기침이나 재채기를 할 때 손, 옷소매 또는 기타 용품(손수건, 휴지, 마스크)으로 입과 코를 막아 비말 전파를 최소화한다. 호흡기 분비물과 접촉한 후에는 즉시 위생 규정에 따른 손 씻기를 해야 한다.

개인 예방 조치는 다음과 같다.

① 식단, 영양 상태, 구강 건강을 관리하면 감염을 예방하는 데 도움이 된다.

② 적당한 운동은 면역력을 높일 수 있다.

③ 금연, 금주를 통해 안정된 심리 상태를 유지한다.

④ 실내 환기를 수시로 한다.

20. 어떤 사람들이 코로나19에 쉽게 감염될까?

코로나19 바이러스는 새롭게 사람에게 전염된 바이러스다. 인간은 아직 이 바이러스에 대한 면역력을 갖추지 못했다. 그래서 보편적으로 쉽게 감염되는 것이다. 면역력이 약한 사람뿐만 아니라 건강한 사람도 코로나19에 감염되고 있다. 이것은 접촉하는 바이러스의 양과 어느 정도 관련이 있다. 한 번에 많은 양의 바이러스와 접촉한다면 면역력이 정상인 사람도 감염될 수 있다는 뜻이다. 면역력이 비교적 약한 사람들(노인, 임산부, 간부전·신부전 환자 등)은 병의 진행이 더 빨랐고 중증도 역시 높게 나타났다.

코로나19 감염은 감염 기회에 따라 결정된다. 면역력이 강하다고 감염 위험성이 줄어드는 것은 아니다. 아동의 경우 감염 기회가 비교적 적기 때문에 감염률도 낮게 나타난다. 감염 기회가 같을 경우 노인, 만성질환자, 면역력이 낮은 사람들의 감염률이 높게 나타났다.

21. 코로나19는 역학적으로 어떤 특징이 있을까?

① 감염병 역학: 유행 초기에 평균 잠복기는 5.2일, 유행이 배가 되는 시간은 7.4일이다. 즉 감염 인구수가 매 7.4일마다 배로 늘어났다. 평균 연쇄감염간격(감염자가 다른 비감염자를 감염시키는 시간)은 7.5일, 기초감염재생산지수(Basic Reproduction Number, R0)는 대략 2.2~3.8이다. 즉 감염자 한 명이 평균적으로 2.2~3.8명을 감염시켰다.

② 발병~진단 시간: 경증 환자가 발병을 기점으로 첫 번째 진단을 받기까지 걸린 시간은 평균 5.8일, 발병에서 입원까지 걸린 시간은 12.5일이다. 중증 환자의 경우 발병에서 입원까지 걸린 시간은 7일, 발병에서 진단까지 걸린 시간은 평균 8일이다. 생존자에 비해 사망자의 발병~진단 시간은 평균 9일로 더 길었다.

③ 감염 발생 단계: 현재 코로나19 바이러스의 감염 발생 과정은 세 단계로 나눌 수 있다.

가. 국부 발생 단계: 우한 수산물 시장과 관련이 있다.

나. 지역사회 감염 단계: 지역사회인과 가족에게 전염되었다.

다. 대규모 확산 단계: 감염자의 이동에 따라 넓은 지역, 전국, 나아가 다른 국가로도 확산했다.

22. 코로나19 바이러스의 감염경로는?

지금까지 밝혀진 바로는 호흡기 비말과 접촉이 주요한 감염 경로이고, 대변-입 감염(Fecal-oral infection)의 가능성도 있다. 에어로졸 감염과 임산부-태아 감염에 대해서는 아직 연구가 더 필요하다.

① 호흡기 비말 감염: 환자가 기침, 재채기를 하거나 말할 때 생성되는 비말을 통해 피감염자를 감염시키는 형태다.

② 접촉 감염: 감염자와 직간접 접촉을 통해서 감염될 수 있다. 바이러스로 오염된 물건을 만진 후 그 손으로 다시 눈, 코, 입을 만지는 행위 역시 감염 위험성을 높인다.

③ 대변-입 감염: 대변-입 감염은 아직 명확하게 밝혀지지 않았지만, 확진자의 대변에서 코로나19 바이러스가 검출되었기 때문에 감염 가능성을 완전히 배제할 수 없다.

③ 에어로졸 감염: 비말이 공기 중에 떠다닐 때 수분을 상실하여 단백질과 병원체만 남아 비말핵을 형성하는데, 이것이 에어로졸 입자 형태로 남아 감염력을 가진 채로 먼 곳까지 도달할 수 있다. 아직 코로나19 바이러스의 에어로졸 감염 가능성은 명확히 증명되지 못했다.

④ 임산부-태아 감염: 코로나19 확진자인 임신부가 출산한

지 30시간 후에 신생아에게서 코로나19 바이러스가 검출됐다는 보고가 있었다. 이에 따라 코로나19 바이러스가 임신부-태아 경로로 신생아를 감염시킬 수 있다는 가능성이 제기됐지만, 아직 연구가 더 필요한 상황이다.

거리가 가까울수록 전파력이 커진다.

23. 비말 감염이란 무엇일까?

비말은 일반적으로 지름 5μm(마이크로미터, 1,000분의 1밀리미터) 이상의 수분을 포함한 과립이다.

비말은 일정한 거리 내의 점막 표면을 쉽게 감염시킨다. 비말은 비교적 크기 때문에 공기 중에서 오랜 시간 존재할 수 없다.

호흡기 비말이 발생하는 경우:

① 기침이나 재채기를 할 때, 또는 말할 때.

② 호흡기를 침투할 수 있는 행위, 기관지 내시경 검사, 기도 삽관, 환자의 체위 변경, 등을 두드리는 행위 등 기침을 유발할 수 있는 행위, 심폐소생술 등을 할 때.

비말 감염을 일으키는 바이러스에는 인플루엔자, 사스 코로나 바이러스, 아데노바이러스, 리노바이러스, 미크로플라스마, A군 연쇄상구균, 임균, 코로나19 바이러스 등이 있다.

45

24. 에어로졸 감염이란 무엇일까?

공기를 통해 전파될 수 있는 에어로졸 과립의 크기는 일반적으로 지름 5μm 이하이다. 에어로졸 형태가 된 병원체는 감염력을 가진 채로 장시간 생존이 가능하고, 또 먼 거리까지 이동한다. 에어로졸 병원체 역시 접촉 감염을 일으킬 수 있다.

에어로졸 감염을 일으키는 병원체는 다음과 같다.

① 에어로졸 감염만 일으키는 병원체: 결핵균, 누룩곰팡이균.

② 여러 감염 경로를 가지지만 주로 에어로졸로 감염을 일으키는 병원체: 홍역 바이러스, 수두-대상포진 바이러스.

③ 보통 다른 감염 경로를 가지지만 특수한 상황(기도 삽관, 절개 수술, 개방형 기도 흡인)에서 에어로졸로 감염을 일으키는 병원체: 두창바이러스, SARA 코로나바이러스, 코로나19 바이러스, 인플루엔자, 노로바이러스 등.

25. 접촉 감염이란 무엇일까?

접촉 감염은 병원체가 매개물을 통해 직접 혹은 간접적으로 접촉해서 전파되는 것을 말한다.

① 직접 접촉: 병원체가 점막 혹은 피부에 직접적으로 접촉해서 전파된다.

- 병원체를 지닌 혈액과 접촉하거나 혹은 혈액성 체액이 점막이나 손상된 피부를 통해 체내로 침투하여 전파된다. 주로 바이러스 전파에서 나타난다.

- 병원체를 지닌 분비물로 인한 전파. 흔히 세균, 바이러스, 기생충 등으로 인한 감염에서 나타난다.

② 간접 접촉: 병원체가 오염된 물체 혹은 사람을 통해 전파되는 것을 말한다.

- 장 감염 질환을 일으키는 병원체는 대부분 간접 접촉을 통해 전파된다.

- 기타 간접 접촉 감염을 일으키는 병원체: MRSA(메티실린 내성 황색포도알균), VRE(반코마이신 내성 장알균), $C.\,difficile$(클로스트리듐 디피실리균).

26. 밀접접촉자란 무엇일까?

밀접접촉자는 감염자 혹은 의심 환자와 다음과 같이 접촉한 사람을 말한다.

① 감염자 혹은 의심 환자와 동거, 학습, 근무하거나 기타방식으로 밀접 접촉한 자.

② 방호 조치를 하지 않은 채로 환자를 진료, 간호, 문병하거나 이와 비슷한 방식으로 가까운 거리에서 접촉한 자.

③ 감염자 혹은 의심 환자와 같은 병실을 공유한 기타 환자 및 환자 동반자.

④ 감염자 혹은 의심 환자와 교통수단이나 엘리베이터에 동승한 자, 또는 그들과 가까운 거리에서 접촉한 자.

⑤ 현장 조사원이 조사하여 밀접접촉 조건에 부합한다고 판단한 자.

27. 밀접접촉자를 14일간 의학 관찰 해야 하는 이유는?

현재 코로나19 바이러스의 잠복기는 일반적으로 최대 14일로 알려져 있다.

밀접접촉자에 대한 엄격한 의학 관찰 등의 공공보건 조치는 필수적이다. 이것은 일종의 공중보건 안전을 위한 책무이며, 국제 사회에서 통용되는 방법이기도 하다. 다른 코로나바이러스의 잠복기를 참고해서 이번 코로나19 바이러스의 병례와 관련 정보를 분석 종합한 결과 밀접접촉자의 관찰 기간은 14일로 하며, 의학 관찰은 자가격리를 통해서 해야 한다고 확정했다.

3장

감염자의 조기 발견과 조기 치료는
어떻게 해야 할까?

발병 초기의 임상 증상, 사례 식별, 임상 치료

28. 코로나19 바이러스에 감염된 환자는 어떤 임상 증상을 보일까?

　코로나19의 주된 임상 증상은 발열이다. 감염 초기의 일부 환자는 발열 없이 오한과 호흡기 증상만 보이기도 한다. 마른기침, 피로감, 호흡곤란, 설사 등의 증상이 함께 나타나는 경우가 있으며, 콧물, 가래 등의 증상은 드물게 나타난다. 병세가 진행될수록 호흡곤란을 호소하는 환자가 많다. 중증 환자는 병의 진행이 빨라서 며칠 만에 급성 호흡곤란증후군, 패혈성 쇼크, 쉽게 교정되기 어려운 대사성 산증*, 혈액 응고장애가 나타난다. 일부 환자는 증상이 경미하거나 발열 등 관련 증상이 나타나지 않는다. 대부분의 환자는 예후가 양호하지만, 소수의 환자는 증세가 위중해져 사망에 이르기도 한다.

---

* 대사성 산증: 체내의 대사 결과로 생성되는 산으로 인해 혈액의 산 염기 평형이 산 쪽으로 기우는 증상.

29. 코로나19에 대한 실험실 소견은?

코로나19 바이러스는 실시간 유전자 증폭검사(Real time reverse transcription PCR, rRT-PCR)로 검정한다. 모든 병례에서 표본(기관지폐포세척액, 가래, 발병 초기와 발병 14일 후의 혈청)을 채취한다.

발병 초기에 백혈구(WBC) 수치는 정상이거나 감소하며, 림프구 수는 감소한다. 일부 환자는 간 수치(AST, ALT), 크레아틴 수치(CK), 미오글로빈이 증가한다. 다수의 환자는 C-반응성단백(CRP)과 적혈구 침강속도(ESR)가 상승하며 혈소판용적률(PCT)은 정상으로 나타난다. 중증 환자는 D-Dimer* 수치가 상승한다.

---

* D-Dimer: 체내에서 혈전이 용해될 때 발생하는 단백질 중 하나.

54

30. 코로나19에 대한 영상진단학적 소견은?

초기에는 작은 반점 형태의 음영(Multiple small patch shadow)과 간질 변화가 폐 주변부에서 뚜렷하게 관찰된다. 병이 진행되면서 폐 양측에 간유리 음영(Ground glass opacity)과 침윤이 관찰된다. 중증 환자에게서 폐실질 변이가 관찰되는데, 심한 경우 폐가 하얗게 변하는 '백폐' 소견을 보이기도 한다. 소수의 환자에게서 흉수가 관찰된다.

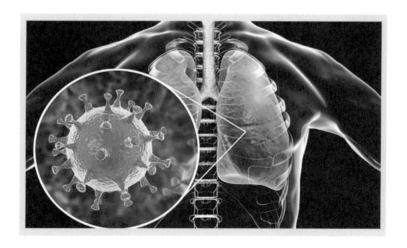

31. 임상적으로 코로나19의 병례를 어떻게 구별할까?

다음과 같은 두 가지의 의심 환자 기준을 동시에 충족하는 경우 코로나19로 판별한다.

① 역학적 기준

• 발병 전 14일 이내에 감염병 발생 지역을 여행하거나 그곳에 거주한 경우.

• 발병 전 14일 이내에 감염병 발생 지역의 호흡곤란을 동반한 발열 증상이 있는 환자와 접촉한 경우.

• 집단 발병한 경우.

② 임상 증상

• 발열이 있는 경우(감염 초기의 일부 환자는 발열 없이 오한과 호흡기 증상만 보이기도 한다).

• 영상학적으로 바이러스성 폐렴 소견을 보이는 경우.

• 발병 초기에 백혈구 수치가 정상이거나 감소하고, 림프구 수가 감소한 경우.

32. 임상적으로 코로나19를 어떻게 확진할까?

의심 환자 기준에 부합하고, 가래, 인후 면봉(Throat swab) 샘플, 상기도 분비물 등의 표본으로 실시간 유전자 증폭검사(rRT-PCR)를 실시하여 코로나19 바이러스 핵산 양성을 보이는 경우, 혹은 유전자 검사에서 코로나19 바이러스 유전자와 일치하는 경우 코로나19로 확진한다.

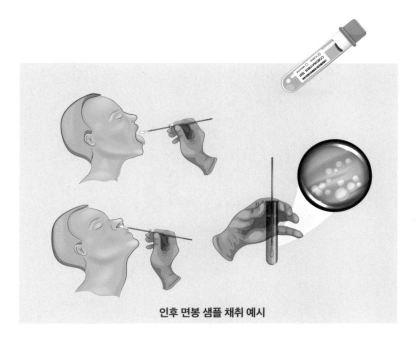

인후 면봉 샘플 채취 예시

33. 임상적으로 코로나19 중증 환자를 어떻게 진단할까?

환자의 활력 징후(Vital signs)가 불안정하고, 병세의 변화가 빠르며, 두 개 이상의 장기에서 기능 부전이 나타나 병세가 더욱 심해지면 환자의 생명이 위험한 경우에 중증 환자로 판단한다.

34. 코로나19와 구별해야 하는 질병은?

① 세균 폐렴

흔히 기침, 가래가 생기거나 원래 있던 호흡기 증상이 심해진다. 또는 화농성 가래나 혈성 가래가 생기며, 흉통을 동반할 때도 있다. 일반적으로 전염성이 없다. 전염성 질환이 아니다.

② 사스, 메르스

코로나19 바이러스와 사스 코로나바이러스, 메르스 코로나바이러스는 같은 코로나바이러스군에 속한다. 그러나 유전자 진화 분석에서 이 바이러스들은 서로 다른 분지로 나뉜다. 코로나19 바이러스는 사스 바이러스가 아니며, 메르스 바이러스도 아니다. 이들 바이러스는 유전자 배열에서 비교적 큰 차이를 보인다. 코로나19 바이러스가 일으키는 폐렴과 사스 코로나바이러스, 메르스 코로나바이러스가 일으키는 폐렴은 비슷한 면이 많아서 임상 증상과 흉부 영상진단으로는 구별하기 어렵다. 그러므로 이들은 실험실 검사를 통해 구별해야 한다.

③ 기타 바이러스성 폐렴

예를 들어 인플루엔자, 리노바이러스, 아데노바이러스, 니

파바이러스, 호흡기세포융합 바이러스 및 기타 코로나바이러스에 감염되어 생기는 폐렴.

사스 코로나바이러스

호흡기 증상을 일으키는 세균

35. 밀접접촉자는 어떻게 해야 할까?

두려워하지 말고 보건 당국의 지시에 따라 자가격리와 의학 관찰을 해야 한다. 출근이나 외출을 하지 않는다. 스스로 건강 상태를 관찰하며, 해당 지역사회 의료기관의 정기적인 방문 검사를 받아야 한다. 발열, 기침 등 이상 증상이 나타나면 바로 해당 지역사회 의료기관에 보고하여 지정 의료기관의 검사와 진료를 받아야 한다.

우리나라에서는 관할 보건소나 1339 콜센터로 문의한다.

36. 자신이 코로나19에 감염된 것 같다면 어떻게 해야 할까?

　즉시 지정된 지역사회 의료기관으로 가서 검사와 진료를 받아야 한다. 코로나19로 의심된다면 의료진에게 관련 사항을 상세하게 말해야 한다. 특히 감염병 발생 지역에서의 여행 또는 거주 여부, 폐렴 환자나 의심 환자와의 접촉 여부, 동물과의 접촉 여부 등을 반드시 알려야 한다. 진료 시에는 반드시 마스크를 착용하여 자신과 타인을 보호해야 한다.

37. 코로나19 치료는 어디에서 해야 할까?

격리와 방호 기능을 갖춘 의료기관에서 격리 치료를 해야 한다. 중증 환자는 중환자실에서 치료해야 한다.

38. 코로나19 바이러스 감염자 이송은 어떻게 해야 할까?

　감염자는 반드시 전용 차량으로 이송해야 하며, 이송 요원은 개인 방호와 차량 소독에 각별히 주의해야 한다.

39. 현재 개발된 코로나19 치료제나 백신이 있을까?

    현재 알려진 코로나19 바이러스의 항바이러스제는 없다. 주로 대증 치료와 보조적 치료를 한다. 적합하지 않은 항균 약물 치료는 피해야 하며, 특히 광범위한 항균 약물의 공동 적용을 피해야 한다.

    코로나19 바이러스의 백신 역시 아직 개발되지 않았다. 백신 개발에는 얼마간의 시간이 필요해 보인다.

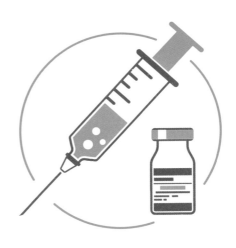

40. 코로나19는 어떻게 치료해야 할까?

① 침상에서 휴식하도록 하고 보존적 치료를 한다. 수분 섭취와 전해질 균형에 주의한다. 안정적인 환경을 유지하고 활력 징후와 혈액 산소포화도를 면밀히 측정한다.

② 병세의 정도에 따라 혈액 검사, 소변 검사, C-반응성단백(CRP)검사, 생화학 검사(AST, ALT, CK, 미오글로빈 등), 혈액 응고 검사를 진행하고, 필요한 경우 동맥혈 가스 검사, 흉부 영상의학 검사를 진행한다.

③ 혈액 산소포화도의 변화에 따라 산소호흡기 치료를 진행한다. 필요한 경우 비강을 통한 고압 산소 치료 혹은 침습적/비침습적 기계환기 치료를 진행한다.

④ 항바이러스제 치료: 아직 뚜렷한 효과를 보이는 항바이러스제는 없다.

⑤ 항균 약물 치료: 엄격한 세균 검사를 통해 어떤 종류의 세균이 검출된다면 그에 알맞은 항균제를 투여한다.

41. 격리 해제나 퇴원은 어떤 기준으로 결정할까?

① 병세가 안정적이고 발열이 없을 때.

② 흉부 영상의학 검사에서 뚜렷한 호전이 보이고, 장기 기능 장애가 없을 때.

③ 호흡이 안정적이고, 의식이 명료하여 교류에 문제가 없고, 정상 체온으로 회복된 지 3일 이상이 지났으며, 호흡기 증상에 뚜렷한 호전이 있고, 두 번의 호흡기 병원체 핵산 검사(검사 간격은 최소 1일로 한다)에서 음성으로 판명된 경우.

4장

감염을 막기 위한 개인 수칙에는
무엇이 있을까?

손 씻기, 환기, 마스크 사용법, 일상생활 교육

42. 계절성 호흡기 감염은 어떻게 예방할 수 있을까?

① 손 씻기: 흐르는 물에 비누나 손 세정제로 씻어야 한다. 오염된 수건으로 닦아서는 안 된다. 손에 비말이 묻었을 때(손에 재채기를 한 후)는 즉시 씻어야 한다.

② 올바른 기침 예절 지키기: 기침이나 재채기를 할 때는 휴지나 손수건으로 입과 코를 가린다. 휴지나 손수건이 없을 때는 옷소매 위쪽으로 입과 코를 가린다. 기침이나 재채기를 한 후에는 손을 씻어야 한다. 씻지 않은 손으로 눈, 코, 입을 만지지 말아야 한다.

③ 체력과 면역력 키우기: 균형 잡힌 식사와 적절한 운동, 충분한 휴식을 통해 피로가 쌓이지 않도록 해야 한다.

④ 청결한 환경을 유지하고 매일 창문을 열어 실내공기를 순환한다.

⑤ 사람들이 밀집하는 장소를 피해 호흡기 증상자와 접촉하지 않도록 한다.

⑥ 기침, 콧물, 발열 등의 호흡기 증상이 나타나면 집에서 휴식을 취하거나 관할 보건소에 상담한다.

계절성 호흡기 감염을 예방하는 TIP

손 씻기   올바른 기침 예절 지키기   체력과 면역력 키우기

자주 환기하기   충분한 휴식 취하기

43. 인플루엔자 바이러스는 왜 쉽게 퍼지는 걸까?

인플루엔자 바이러스는 주로 공기 중의 비말을 통해 감염되거나 감염자와의 접촉 혹은 오염된 물건 등의 접촉을 통해 전파된다. 일반적으로 가을과 겨울에 가장 빈번하게 발생한다. 인플루엔자 A형과 B형이 주로 발생하며, A형 인플루엔자는 항원 변이가 잦아 H1N1, H3N2, H5N1, H7N9 등 다양한 아형이 생겼다. 새로운 종류의 인플루엔자가 발생하면 인체에 신종 바이러스에 대한 면역력이 없기 때문에 쉽게 감염되고 전파된다.

44. 어떻게 하면 코로나19와 멀어질 수 있을까?

① 코로나바이러스는 주로 비말과 접촉으로 감염되기 때문에 올바른 마스크 착용이 중요하다.

② 기침이나 재채기를 할 때는 손으로 가리지 말고 손수건, 마스크 등을 이용해야 한다.

③ 손을 꼼꼼히 씻어야 한다.

④ 가능하면 사람이 많은 곳과 밀폐된 곳을 피한다. 꾸준한 운동과 적절한 휴식을 통해 면역력을 높여 감염을 피하는 것이 중요하다.

꼭 마스크를 착용해야 한다! 확진자와 접촉한 경우에도 마스크를 착용했을 때는 직접적인 비말 감염을 피할 수 있다.

꼭 손을 꼼꼼히 씻어야 한다! 바이러스가 손에 묻었을 경우에도 손을 깨끗이 씻는다면 손으로 코나 입을 만져서 발생하는 감염을 피할 수 있다.

45. 마스크의 종류에는 어떤 것이 있으며 각각의 특징은 무엇일까?

시중에서 볼 수 있는 마스크에는 N95 마스크, KF94/KF80 마스크, 의료용 외과 마스크, 면 마스크 등이 있다.

① N95 마스크: 공기 중에 떠다니는 지름 약 0.3μm 이상의 미세입자를 95% 걸러주며, 바이러스를 차단할 수 있어 공기를 통해 전염되는 질병을 막는 데 사용한다.

② KF94/KF80 마스크: KF94 마스크는 평균 0.4μm 크기의 미세입자를 94% 이상 걸러준다. N95 마스크와 마찬가지로 바이러스를 차단할 수 있어 공기를 통해 전파되는 호흡기 감염병을 막을 수 있다. KF80 마스크는 평균 0.6μm 크기의 미세입자를 80% 이상 차단하여 비말을 막아주고 황사나 미세먼지로부터 호흡기를 보호할 수 있다.

③ 의료용 외과 마스크: 3중 보호 차단. 외부층은 방수층으로 비말이 마스크 안으로 들어오는 것을 방지한다. 중간층은 여과층으로 지름 5μm 이상의 미세입자를 90% 차단한다. 내부층은 무균작용을 하며 공기를 통해 전염되는 질병을 예방할 수 있다.

④ 면 마스크: 바이러스 차단 효과가 낮으며, 두꺼워 호흡하기 힘들고 얼굴과의 밀착성도 떨어진다.

마스크의 종류와 기능

종류	예시	기능
N95 마스크 (배기밸브 없음)		N95 호흡기라고도 부르는 일종의 호흡 방호 장비. 공기 중의 미세입자를 효과적으로 여과하여 공기를 통해 전파되는 호흡기 감염병으로부터 보호한다.
N95 마스크 (배기밸브 있음)		기능은 일반 N95 마스크와 동일하다. 배기밸브는 매우 정교하게 설계되었으며, 몇 겹의 캡으로 이루어져 있다. 배기밸브를 통해 내부 공기를 외부로 배출하고, 미세입자 유입을 차단한다. 이러한 설계는 호흡을 보다 편하게 해주며 내부 습기를 줄여준다.
KF94 마스크		N95 마스크와 같은 등급으로 거의 동일한 기능을 갖는다. 공기 중의 미세입자를 효과적으로 여과하여 공기를 통해 전파되는 호흡기 감염병을 예방할 수 있다.
의료용 외과 마스크		의료인에게 필요한 기초적인 방호가 가능하며, 혈액, 체액 및 액체 비말을 막아준다.
일반 마스크		일반 환경에서 일회성 위생용품으로 사용된다. 질병을 일으키는 미생물 이외의 입자(꽃가루 등)를 차단한다.
면 마스크		방풍, 보온 효과가 있고 먼지 등 비교적 큰 입자를 차단한다.

여과 효과	사용 횟수
약 0.3µm 이상의 미세입자를 95% 차단한다.	손상되거나 변형된 경우, 축축해지거나 더러워진 경우 재사용을 지양한다.
평균 0.4µm의 미세입자를 94% 차단한다.	축축해지거나 더러워진 경우 재사용을 지양한다.
일반적으로는 약 5µm 이상의 미세입자를 차단할 수 있으나, 여과율은 동일하지 않다. 외부 방수층은 비말이 들어오는 것을 방지하고, 중간층은 여과 기능을 한다.	일회성
미세입자와 세균 여과율이 낮아 의료용 마스크나 방진 마스크보다 효과가 낮다.	일회성
연진 분말 등 비교적 큰 입자만 차단한다.	소독 후 반복 사용 가능

46. 마스크로 코로나바이러스를 차단할 수 있을까?

마스크를 착용하면 바이러스 차단이 가능하다. 마스크가 바이러스 전염을 막아주는 매개체 역할을 함으로써 바이러스와의 직접적인 접촉을 피할 수 있다. 일반적인 호흡기 바이러스 전염방식에는 주로 근거리 비말 접촉과 에어로졸 전파가 있다. 에어로졸이란 일반적으로 우리가 접촉할 수 있는 감염자의 비말핵을 말한다. 마스크를 올바르게 착용하면 비말을 효과적으로 막고, 바이러스가 체내로 바로 침투하는 것을 차단할 수 있다.

꼭 KF94나 N95 마스크를 써야 하는 것은 아니며, 일반적인 의료용 외과 마스크로도 대부분의 비말을 막을 수 있다는 점을 알아두어야 한다.

47. KF94 마스크와 N95 마스크는 어떤 차이가 있을까?

N95 마스크는 호흡보조기(Respirator)에 속하며, 일종의 호흡 방호 장치로 일반 마스크보다 안면부에 더욱 밀착되게 설계되어 공기 중의 미세입자를 효과적으로 여과한다. 여기서 N은 'Not resistant to oil'의 약자로 유분 에어로졸에 대해 저항성이 없다는 뜻이고, 95는 95% 이상 차단한다는 뜻이다. 실험 결과 N95 마스크는 지름 약 0.3μm 이상의 미세입자를 95% 차단할 수 있다.

마스크를 올바로 착용한다면 N95 마스크는 일반 마스크 혹은 의료용 마스크보다 차단 기능이 우수하다. 단, 완벽하게 착용했을지라도 질병에 감염될 위험을 100% 차단할 수는 없다.

KF94 마스크는 식품의약품안전처에서 인증하는 보건용 마스크의 하나로, 바이러스를 차단할 수 있는 방역용 마스크다. KF는 'Korea Filter'의 약자이며 94는 미세입자를 94% 이상 차단한다는 뜻이다. 미국의 국립산업안전보건연구원(NIOSH)의 기준에 의거한 N95 마스크가 식약처 기준으로는 KF94 마스크에 해당한다.

48. 마스크를 선택하는 기준은 무엇일까?

마스크의 보호 기능이 우수한 순서로 나열하면, N95 마스크 〉 의료용 외과 마스크 〉 일반 마스크 〉 면 마스크 순이다.

N95 마스크는 배기밸브 유무에 따라 두 종류로 나뉜다. 만성 호흡기 질환이나 심장병이 있거나 기타 호흡곤란 증상을 보이는 환자는 N95 마스크 착용 시 호흡이 힘들어질 수 있다. 그럴 때는 배기밸브가 있는 N95 마스크를 착용하면 숨 쉬기가 보다 쉬워지고 마스크 안쪽의 열과 습기를 배출하는 데도 도움이 된다. 배기밸브의 유무는 마스크의 보호 기능에는 영향을 주지 않는다. 그러나 배기밸브가 있는 N95 마스크는 착용자 자신은 보호해주지만 타인에게 좋지 않을 수 있다. 바이러스 보유자는 배기밸브가 없는 N95 마스크를 착용해야 바이러스가 타인에게 전파되는 것을 막을 수 있다. 또한 무균상태를 유지해야 하는 상황이라면 착용자의 호흡을 통해 세균 및 바이러스가 전파될 수 있기에 배기밸브가 없는 N95 마스크를 착용해야 한다.

49. 올바른 마스크 착용법은?

① 먼저 손을 깨끗이 씻는다. 마스크의 앞면, 뒷면, 위, 아래를 확인하고, 마스크로 입과 코를 가려 얼굴과 마스크 사이에 틈이 생기지 않게 한 다음 위아래 끈을 고정시킨다.

② 의료용 마스크는 위아래가 구분되어 있다. 고정심 부분을 위로 하여 코에 밀착되도록 손가락으로 눌러준다.

③ 마스크를 벗을 때는 손을 깨끗이 씻은 후 끈을 잡고 벗는다. 마스크 안쪽을 마주 접어 보관하면 내부 오염을 방지하여 여러 번 쓸 수 있다.

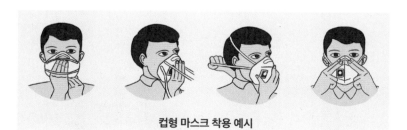

컵형 마스크 착용 예시

50. 마스크의 효과는 얼마나 지속될까?
N95 마스크는 얼마나 오래 사용할 수 있을까?

마스크의 종류에 상관없이 보호 효과는 제한적이며 정기적으로 교체해야 한다. 또한 마스크 착용 후 호흡곤란 증상이 나타나거나 마스크가 손상된 경우, 마스크가 변형되어 얼굴과 밀착되지 않는 경우, 혈액이나 비말로 마스크가 오염된 경우, 마스크 착용 후 격리 공간을 방문하거나 자가격리자와 접촉한 경우에는 마스크를 즉시 교체해야 한다.

현재 N95 마스크의 착용 시간에 대한 명확한 규정은 없다. N95 마스크의 보호 효율 및 착용 시간을 연구한 결과 2일간 착용해도 95% 이상 차단 효과를 유지했고, 3일간 착용했을 때는 94.7%로 효과가 다소 감소했다. 미국 질병통제예방센터는 N95 마스크의 공급이 충분하지 않을 경우, 눈에 띄게 더럽혀지거나 손상되지 않은 한 계속 사용하는 것을 권고하고 있다.

51. 마스크 착용 시 안경에 습기가 차지 않게 하는 방법은?

마스크 착용 시 안경에 습기가 차는 것을 방지하기 위해서는 얼굴과 마스크를 밀착시켜 틈이 생기지 않게 하여 공기가 새는 것을 막아야 한다.

접이형 마스크 착용 예시

52. 노약자의 마스크 착용법은?

① 임산부는 본인의 건강 상태를 체크하여 적절한 제품을 사용해야 한다. 마스크 선택 전에 전문의와의 상담이 필요할 수 있다.

② 노인과 만성질환자는 의사의 전문적인 안내를 받아 마스크를 착용해야 한다. 심폐질환자가 적절하지 않은 마스크를 사용하면 호흡곤란이 생기거나 기존 병세를 악화시킬 수 있다.

③ 어린이는 얼굴이 성인에 비해 작기 때문에 아동 전용 마스크를 권장한다.

53. 손 씻기가 호흡기 감염을 예방할 수 있을까?

손 접촉은 물·음식 전염, 혈액·혈액 제제 전염, 공기 비말 전염, 소화기 전염, 직간접 접촉 전염과 같은 전염경로의 시발점이 될 수 있다. 연구에 따르면 올바른 손 씻기는 설사와 호흡기 감염을 예방하는 가장 효과적인 방법으로 꼽힌다.

54. 올바른 손 씻기 방법은?

① 손바닥과 손바닥을 마주 대고 문지른다.

② 손등과 손바닥을 마주 대고 문지른다.

③ 손바닥을 마주 대고 손깍지를 끼고 문지른다.

④ 손가락을 마주 잡고 문지른다.

⑤ 엄지손가락을 다른 쪽 손으로 잡아 문지른다.

⑥ 손가락을 반대편 손바닥에 놓고 문질러 손톱 밑을 씻는다.

⑦ 한 손으로 반대편 손목을 잡고 돌려주면서 문지른다.

위의 각 순서에서 매 동작을 최소 5번씩 해야 하며, 흐르는 맑은 물로 씻어내 마무리한다.

55. 일상생활에서 반드시 손을 씻어야 할 때는?

① 기침이나 재채기를 하면서 손으로 입과 코를 막았을 때.

② 환자를 간병했을 때.

③ 음식 준비 전후.

④ 식사하기 전.

⑤ 화장실에 다녀왔을 때.

⑥ 동물과 접촉했을 때.

⑦ 엘리베이터 버튼 혹은 문고리를 만졌을 때.

⑧ 외출에서 돌아왔을 때.

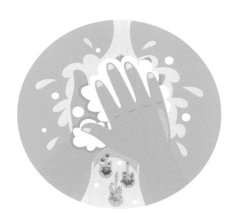

56. 야외에서는 어떻게 손을 씻어야 할까?

알코올이 함유된 손 세정제로 손을 닦는다. 코로나바이러스는 산성 혹은 알칼리성에 취약하며 유기용제와 소독제에도 민감하다. 75% 에탄올은 바이러스를 비활성화할 수 있어 일정 농도의 에탄올을 함유한 손 소독제를 사용하면 비누로 손을 씻는 것을 어느 정도 대체할 수 있다.

57. 비누와 물로 손을 씻으면
코로나바이러스를 예방하는 데 도움이 될까?

도움이 된다. 손을 꼼꼼히 씻으면 리노바이러스나 코로나바이러스 등의 바이러스 감염을 효과적으로 예방할 수 있다. 비누로 충분히 거품을 낸 후 여러 번 문지르면, 피부 자극은 최소화하면서 피부 표면의 때와 미생물을 효과적으로 씻어낼 수 있다. 세계보건기구 및 미국 질병통제예방센터 같은 권위 있는 기관들 역시 비누와 물로 손 씻는 것을 권장하고 있다.

58. 의료용 손 소독제는 코로나19 바이러스의 위험성을 줄일 수 있을까?

줄일 수 있다. 코로나바이러스는 유기용제와 소독제에 민감하기에 75% 에탄올, 에테르, 클로로포름, 포름알데히드, 염소 소독제, 과산화아세트산과 자외선으로 제거할 수 있다. 의료용 알코올 솜으로 손을 닦고, 휴대폰, 안경, 손목시계, 액세서리 등 일상용품 표면을 닦아주면 어느 정도의 예방 효과를 얻을 수 있다.

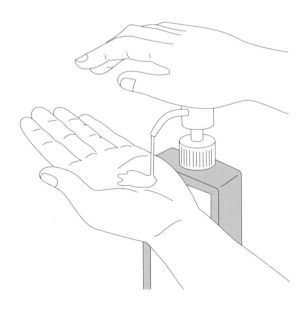

59. 가족 중에 코로나19 유증상자가 있다면 어떻게 대처해야 할까?

① 환자를 다른 가족 구성원으로부터 격리하고, 이들의 거리는 최소 2m를 유지한다.

② 환자를 돌볼 때는 마스크로 입과 코를 가려야 하며, 사용한 마스크는 반드시 버려야 한다.

③ 환자와 접촉한 후에는 비누 등으로 손을 깨끗이 씻어야 하며, 환자가 머무는 공간은 수시로 환기해야 한다.

60. 코로나19로 의심되는 경미한 증상이 보인다면 자가격리를 해야 할까?

세계보건기구는 치료 능력과 의료 자원이 부족할 때, 증상이 미비하거나(미열, 기침, 콧물, 인후통 없음) 만성질환자(폐질환, 심장질환, 신부전, 면역성 질환)인 경우에는 집에서 자가격리 할 것을 권고한다.

① 집에서 격리되어 있는 동안 환자는 완전히 회복될 때까지 의료진과 연락해야 한다.

② 의료진은 환자 상태를 모니터링하여 건강 상태를 체크해야 한다.

③ 환자와 가족 구성원은 개인위생 상태를 청결하게 유지하고, 꾸준한 예방 교육과 모니터링을 받아야 한다.

주의! 자가격리를 결정할 때는 신중한 임상적 판단이 필요하며 환자가 머무는 집에서의 안전성도 평가해야 한다.

61. 코로나19로 의심된다면
어떻게 자가격리를 해야 할까?

① 의심 환자를 통풍이 잘 되는 1인실에 배치한다.

② 간병하는 가족의 수를 제한한다. 건강 상태가 양호하며 만성질환이 없는 사람 한 명으로 제한하는 것이 좋다. 다른 사람의 방문은 일절 금지한다.

③ 환자와 다른 가족 구성원은 서로 다른 방에서 거주해야 하는데, 여건이 안 될 경우에는 환자와 최소 2m 거리를 유지한다. 환자가 수유 기간이라면 모유 수유를 계속할 수 있다.

④ 환자의 활동을 제한하고 환자와 가족 구성원의 공동생활을 최소화한다. 공동생활 공간(주방, 욕실 등)은 환기가 잘 되도록 창문을 열어둔다.

⑤ 환자와 한 공간에 있을 때는 마스크를 반드시 착용하고 마스크를 만지지 않는다. 마스크가 오염, 변형되면 즉시 교체해야 한다. 마스크를 벗은 후에는 손을 깨끗이 씻는다.

⑥ 환자와 접촉했거나 환자가 격리된 공간에 출입한 후에는 반드시 손을 씻어야 한다. 마찬가지로 식사 준비 전후, 식사

전, 화장실에 다녀온 후 혹은 양손이 더러워졌을 경우에도 손을 깨끗이 씻는다. 손이 눈에 띄게 더럽지 않다면 손 소독제로 소독할 수 있다.

⑦ 비누로 손을 씻은 후에는 일회용 휴지로 닦는다. 일회용 휴지가 없다면 깨끗한 수건으로 닦고 그 수건을 재사용하지 않는다.

⑧ 기침 예절을 지켜야 한다. 기침이나 재채기를 할 때는 마스크나 휴지 또는 팔꿈치로 가려 막는다. 기침, 재채기 후에는 손을 씻는다.

⑨ 소독한 후에는 입과 코를 막았던 물건들을 버리거나 세척한다(예: 사용한 손수건을 비누나 세제로 깨끗이 세척한다).

⑩ 인체 분비물(특히 구강, 호흡기 분비물 및 환자의 대소변)과 직접적인 접촉을 피해야 한다.

⑪ 일회용 장갑을 사용하여 환자의 입과 호흡기를 관리해준다.

⑫ 환자로 인해 오염된 칫솔, 식기, 음식, 음료, 수건, 목욕타월, 침대 시트 등에 접촉하지 않는다. 식기는 사용 후에 세제로 깨끗이 세척하거나 버린다.

⑬ 희석한 표백제(표백제:물=1:99)로 만든 가정용 소독제(대부분의 가정용 표백제는 하이포아염소산나트륨 5% 함유)로 매일 일상에서 자주 접촉하는 물건을 소독한다(침대 머리 및 침실가구 등). 적어도 하루에 한 번은 욕실과 화장실을 청소하고 소독

해야 한다.

⑭ 빨랫비누로 환자의 옷, 침대 시트, 수건, 목욕타월을 세탁한다. 또는 60~90℃의 물과 가정용 세제를 사용해 세탁기로 세탁한 후 완전히 건조시킨다. 오염된 침구류는 세탁망에 담아 오염되지 않은 것들과 섞이지 않게 하며, 자신의 피부나 옷에 직접 닿지 않게 한다.

⑮ 일회용 장갑과 보호장비(예: 비닐 앞치마)를 착용한 후에 환자 분비물로 오염된 물건(옷, 침구류 등)을 소독한다. 장갑 착용 전후로 손을 깨끗이 씻는다.

⑯ 증상이 있는 환자는 완치될 때까지 자가격리를 해야 하며, 완치 판정은 임상 진단 또는 관련 검사로 확인한다. (최소한 24시간 간격으로 실시한 두 번의 rRT-PCR 검사 결과가 음성이어야 한다.)

62. 코로나19 감염자와 밀접 접촉한 사람은 어떻게 해야 할까?

밀접접촉자 모니터링: 감염자나 감염 의심자와 접촉한 사람(의료진 포함)은 모두 14일간 건강 상태를 체크한다. 관찰 기간은 마지막 접촉한 날부터 계산한다. 발열, 기침, 숨 가쁨 등의 호흡기 증상이나 설사 등 관련 증상이 나타나면 즉시 보건소에 연락한다.

접촉자는 관찰 기간 내내 의료진과 연락해야 한다.

의료진은 밀접접촉자에게 증상이 나타나면 진료 장소, 진료 장소로 가는 수단과 방법, 진료 시간 및 필요한 감염 통제 조치 등을 안내해야 한다. 자세한 내용은 다음과 같다.

① 유증상 접촉자가 내원할 것을 병원에 미리 알린다.

② 진료 장소로 가는 동안 의료용 마스크를 착용한다.

③ 대중교통을 피해 내원한다. 구급차를 부르거나 개인 차량을 이용하며, 가급적 차량 창문을 연 채로 이동한다.

④ 밀접접촉자는 호흡기와 손의 위생에 주의한다. 내원하는 길 혹은 병원에서는 가급적 주변 사람들과 2m 이상의 거리를 유지한다.

⑤ 밀접접촉자와 간병인은 손을 꼼꼼하게 소독한다.

⑥ 내원하는 도중 호흡기 분비물 혹은 체액에 오염된 곳은 표백제를 희석한 가정용 소독제로 소독한다.

63. 의료인은 어떻게 병원 내 감염을 통제해야 할까?

　의료진은 위생 기준에 따라 의료 시술 절차를 준수하고 전파 위험을 예방하며, 개인 방호, 손 위생 관리, 병실 관리, 환경 소독 및 폐기물 관리 등 병원 감염 통제를 철저히 하여 병원 감염을 예방해야 한다.

　선별진료소에서는 보호복과 의료용 외과 마스크를 착용한다.

　문진부, 응급실, 발열 문진부 및 격리 병동에서는 일상적인 진료와 회진 시 보호복과 의료용 마스크 등을 착용한다. 혈액, 체액, 분비물 및 배설물과 접촉할 경우에는 라텍스 장갑을 이중으로 착용한다. 기관 삽입, 기도 관리 및 담 제거 등 에어로졸이 발생할 수 있거나 분비물이 흩날리는 처치를 할 때는 N95 마스크, 안면 보호구, 라텍스 장갑을 착용하며, 필요하다면 보호복과 방진 마스크를 착용한다. 격리 치료를 받는 환자에게는 엄격한 면회 규정을 따르도록 하며, 면회가 필요한 경우 해당 규정에 따라 면회자에게 개인 방호를 시행할 수 있도록 지도한다.

64. 문진 시 의료진은 왜 보호복을 입어야 할까?

 의료진은 바이러스 예방 통제의 최전선에 있는 이들이다. 의료진이 자신을 잘 보호해야 비로소 더 많은 환자를 구할 수 있다.

 의료진의 건강을 보호하기 위해 의료기관의 보호수칙을 강화하고, 병원 감염을 엄격하게 통제해야 한다. 의료진에 대한 관심과 배려를 아끼지 않으며, 의료진의 건강관리를 위한 일상 모니터링을 강화하고, 의심 증상이 나타날 때는 즉각적이고 효과적으로 치료할 수 있게 한다.

65. 의료기관의 관련 부서에는 어떤 개인보호구를 구비해야 할까?

의료기관은 관련 부서의 규정에 따라 개인보호구를 구비한다: 일회용 외과 마스크, 고글(김 서림 방지용), 근무복(의사 가운), 보호복, 일회용 라텍스 장갑, 일회용 신발 커버, 전면형 방독마스크 혹은 양압식 공기호흡기 등.

66. 코로나19의 유행 기간에 개인 식단은 어떻게 관리해야 할까?

① 매일 생선, 고기, 달걀, 우유, 콩류, 견과류와 같은 고단백질 식품을 포함해 식사한다.

② 매일 신선한 야채와 과일을 섭취한다.

③ 수분 섭취에 주의한다. 매일 최소 1500ml 이상의 물을 마신다.

④ 매일 다양한 종류와 색깔의 식품을 섭취하고 편식하지 않는다.

⑤ 평소보다 많은 양의 영양을 섭취한다.

⑥ 식사가 부족한 경우나 노인 및 기저 질환이 있는 환자는 장관영양제(의약식품)를 추가로 섭취할 것을 권장한다. 매일 최소 2100kJ(500kcal) 이상을 별도로 섭취한다.

⑦ 식사를 거르거나 다이어트를 하지 않는다.

⑧ 규칙적인 생활로 충분한 수면과 휴식을 취한다. 가능하면 매일 7시간 이상 숙면한다.

⑨ 매일 1시간 이상 체력 단련을 한다. 단, 단체운동은 삼간다.

⑩ 복합비타민과 미네랄, 피시오일 등 건강보조제를 충분히 섭취한다.

67. 코로나19의 유행 기간에 개인 체력은 어떻게 관리해야 할까?

다음 세 가지 원칙에 따라 체력을 단련한다.

① 전면적으로 단련하기: 되도록 신체 모든 부위를 단련한다. 다양한 운동 프로그램을 구성해 전반적인 신체 능력을 향상한다.

② 단계적으로 단련하기: 운동 강도를 약하게 시작해서 점차 높인다. 기초적인 신체 능력을 향상시켜 쉬운 동작부터 난이도가 높은 동작까지 운동법을 두루 익힌다.

③ 꾸준하게 단련하기: 습관화하여 꾸준히 단련한다.

코로나19 유행 기간에는 체력을 잘 관리해야 한다.

68. 음주, 흡연은 어떻게 면역력을 낮출까?

면역력을 유지하기 위해 금연, 금주는 필수다. 흡연할 경우 혈액 내 니코틴 함량이 증가하여 혈관 경련을 유발할 수 있다. 따라서 일부 장기에 산소공급이 부족해지며, 특히 호흡기관과 내장기관의 산소공급이 감소해 면역력이 쉽게 떨어진다. 또한 과한 음주는 위장을 자극하고, 간과 뇌세포에 손상을 입혀 면역력을 떨어뜨릴 수 있다.

69. 코로나19를 예방하기 위해 가정에서는 어떻게 해야 할까?

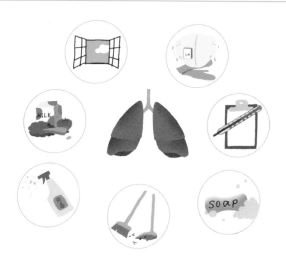

① 보건 위생 관련 인식을 기른다. 알맞게 운동한다. 일찍 자고 일찍 일어나는 등 규칙적인 생활로 면역력을 높인다. 밤을 새우지 않는다.

② 개인위생 습관을 길러 기침이나 재채기를 할 때 휴지로 코와 입을 막고, 손을 항상 깨끗이 씻는다. 오염된 손으로 눈, 코, 입을 만지지 않는다.

③ 깨끗한 실내 환경을 유지하고, 바닥이나 가구에 먼지가 쌓이지 않게 하며, 쓰레기를 분류하여 제때 내다 버린다.

④ 실내 환기를 자주 한다.

⑤ 소독하기: 소독제로 바닥과 가구의 표면을 수시로 소독한다. 코로나바이러스는 자외선과 열에 민감하다. 따라서 56℃의 열을 30분간 가하거나, 75% 에탄올, 염소를 함유한 소독제, 과산화수소 소독제, 클로로포름 등의 지질 용매를 이용하여 바이러스를 효과적으로 비활성화시킬 수 있다.

⑥ 발열, 기침, 재채기 등의 호흡기 증상이 있는 사람과의 접촉을 되도록 피한다.

⑦ 사람이 붐비는 폐쇄된 공간은 피하고, 꼭 가야 할 경우에는 마스크를 착용한다.

⑧ 야생동물을 먹지 않는다. 살아 있는 조류, 야생동물과 접촉하지 않고, 야생동물의 생고기를 만지지 않는다.

⑨ 반려동물은 예방접종을 하고 위생과 안전을 철저히 관리한다.

⑩ 안전한 식습관을 갖는다. 고기류나 달걀류는 익혀 먹는다.

⑪ 발열, 기침 등의 증상을 주의 깊게 관찰하고, 증상이 생기면 바로 관련 의료기관에 연락한다.

70. 가정에서 환기는 어떻게 해야 할까?

　추운 날씨에는 가정에서 문과 창문을 장시간 닫아놓기 쉽다. 이런 상태로 실내에서 운동이나 요리를 하면 공기가 쉽게 오염되기 때문에 환기를 수시로 해야 한다.

　환기 방법에 대한 국내외의 명확한 규정은 없다. 실내·외 환경 상태에 따라 스스로 알맞게 환기해야 한다. 대기가 양호할 경우에는 매일 아침·점심·저녁에 15~30분간 환기한다. 대기가 나쁠 경우에는 환기 시간과 횟수를 줄인다.

환기에
주의하세요!

71. 여행 중에는 어떻게 코로나19를 예방할 수 있을까?

① 여행지의 날씨를 고려하여 기후에 알맞게 옷을 챙긴다.

② 대중교통이나 항공기에서는 반드시 마스크를 착용하고 물을 충분히 마신다.

③ 적절한 휴식, 균형 잡힌 식사와 운동으로 면역력을 높인다.

④ 외출 시 사람이 많이 모이는 장소는 피하고, 불가피할 때는 마스크를 착용한다.

⑤ 숙소로 온 손님에게는 일회용품을 권하고 공용 공간에서도 일회용품을 사용하여 교차 감염을 피한다. 예를 들어, 손님에게 일회용 신발 커버를 준비해주고, 물을 마실 때도 일회용 컵을 사용하게 한다. 공용 욕실에서는 개인 수건을 사용한다.

⑥ 야생동물이나 유기된 반려동물과의 접촉을 가급적 피한다.

⑦ 육회 등 익히지 않은 육류는 먹지 않는다. 식중독 바이러스는 고온에서 효과적으로 사멸시킬 수 있다.

⑧ 만약 이상 증상이 의심되면 바로 진찰을 받고, 완치될 때까지 여행하지 않는다.

72. 코로나19의 유행 기간에 안정적인 심리상태를 유지하는 방법은?

① 코로나19 바이러스에 대한 과학적인 인식을 가져야 한다. 유행 초기에 코로나19의 예방과 치료에 대한 인식이 부족해 각종 유언비어가 퍼졌고 불안과 공포가 조성되었다. 정부의 예방 통제 조치와 과학적 연구 결과를 믿고, 개인이 잘못 알고 있는 지식을 수정해야 한다.

② 정서적 불안과 공포를 직시하고 받아들인다. 코로나19 바이러스는 신종 감염병 바이러스로 감염자 수가 증가하고 광범위하게 퍼지면 누구나 불안과 공포를 느낄 수 있다. 이러한 정서적 반응은 정상적이며, 지나치게 걱정하지 않아도 된다.

③ 규칙적이고 건강한 생활을 하며 일과 휴식을 조화롭게 유지한다. 적절한 휴식과 충분한 수면을 취하여 안정적인 생활을 한다. 균형 잡인 식단으로 음식을 골고루 섭취함으로써 영양 균형을 유지한다. 규칙적으로 일하고 감염병에 대해 지나친 관심을 갖지 않는다. 적절한 운동으로 몸을 단련한다.

④ 불안할 때는 슬기롭게 감정 조절을 한다. 울고, 웃고, 소리 지르고, 뛰고, 노래하고, 말하고, 대화하고, 글 쓰고, 그림을

창문을 열어 환기하자

손을 씻자

마스크를 착용하자

소독을 하자

방역 기간의
작은 상식

사회적 만남을 줄이자

신체를 단련하자

즐거운 심리 상태를 유지하자

그리는 등의 행동을 하면 분노나 불안을 어느 정도 해소할 수 있다. 비교적 경제적이고 효과적인 불안 해소 방법이다. 밖으로 나가지 못하는 경우에는 집안에서 TV를 보거나 노래를 부르는 등 자신에게 알맞은 여가활동을 찾아 주의력을 분산하여 불안감을 해소한다.

5장

감염을 막기 위한 공공 위생수칙에는
무엇이 있을까?

공공장소와 학교에서의 방역 중점사항

73. 농축산물 도매시장에서의 코로나19 예방수칙은?

① 보호장비가 갖춰지지 않은 상태에서는 가축 및 야생동물과의 접촉을 피한다.

② 최대한 사람이 많은 곳을 피하고 불가피한 상황이라면 마스크를 꼭 착용한다.

③ 기침이나 재채기를 할 때는 휴지 등으로 입과 코를 막는다. 사용한 휴지는 별도로 준비한 비닐봉지에 넣어 완전히 밀폐한 후 '기타 쓰레기'로 분리 배출하거나 의료폐기물로 버린다. 기침, 재채기 후에는 손 세정제나 에탄올 손 소독제로 손을 닦는다.

④ 외출에서 돌아오면 반드시 손을 깨끗이 씻는다. 만약 호흡기 증상이 나타나면, 특히 발열이 지속적으로 나타날 경우에는 즉시 병원 진료를 받는다.

74. 영화관에서의 코로나19 예방수칙은?

    감염병이 유행하는 기간에는 영화관 등 사람이 밀집하거나 환기가 잘 되지 않는 공공장소의 방문을 최대한 자제한다.

    불가피하게 방문해야 한다면 마스크를 꼭 착용하고, 기침이나 재채기를 할 때는 휴지 등으로 입과 코를 완전히 막는다. 사용한 휴지 등은 별도로 준비한 비닐봉지에 넣어 완전히 밀폐한 후 '기타 쓰레기'로 분리 배출하거나 의료폐기물로 버린다.

    영화관 등 공공장소 관리자는 실내 보건 위생에 각별히 주의를 기울여야 하며, 매일 정해진 시간에 실내 환기 및 소독을 실시한다.

75. 대중교통에서의 코로나19 예방수칙은?

　버스, 지하철, 페리, 비행기 등 사람이 밀집하는 대중교통에서는 반드시 마스크를 착용하여 병원체와의 접촉을 최대한 피하도록 한다. 기침이나 재채기를 할 때는 휴지 등으로 입과 코를 완전히 막는다. 사용한 휴지 등은 별도로 준비한 비닐봉지에 넣어 완전히 밀폐한 후 '기타 쓰레기'로 분리 배출하거나 의료폐기물로 버려 바이러스 전염에 주의한다.

76. 사무실에서의 코로나19 예방수칙은?

사무실에서는 가급적 자주 실내 환기를 해야 한다. 기침이나 재채기를 할 때는 휴지 등으로 입과 코를 완전히 막는다. 사용한 휴지 등은 별도로 준비한 비닐봉지에 넣어 완전히 밀폐한 후 '기타 쓰레기'로 분리 배출하거나 의료폐기물로 버려 바이러스 전염에 주의한다. 개인위생을 철저히 하며 손을 자주 씻는다. 감염병이 유행하는 기간에는 회의 및 회식을 최대한 자제하도록 한다.

77. 엘리베이터에서의 코로나19 예방수칙은?

2003년 사스가 유행할 때 엘리베이터 내 감염이 발생하기도 했다. 엘리베이터는 공간이 협소하여 바이러스가 쉽게 전파될 수 있다. 엘리베이터 내 바이러스 전염을 예방하기 위해서는 다음의 수칙을 지켜야 한다.

① 매일 정해진 시간에 엘리베이터 내부를 자외선 소독하거나 75% 알코올 또는 염소 소독제로 소독한다.

② 여러 사람이 엘리베이터를 탈 때는 항상 주의하며, 가급적 엘리베이터 탑승을 최소화하여 재채기 등으로 인한 감염의 위험성을 줄이도록 한다.

③ 엘리베이터에 탑승할 때는 반드시 마스크를 착용한다. 혹시라도 동승자가 재채기를 할 때는 반드시 옷으로 코와 입을 막아야 하며, 이후 즉시 옷을 갈아입고 얼굴과 손을 씻는다.

78. 전통시장에서의 코로나19 예방수칙은?

① 동물이나 육류 제품을 만진 후에는 손 세정제로 손을 청결히 한다.

② 가급적 매일 한 번 이상 설비나 작업장을 소독한다.

③ 육류나 생물을 가공할 때는 보호복, 위생장갑, 마스크 등의 장비를 착용한다.

④ 영업이 끝난 후에는 작업장을 깨끗이 청소한다.

⑤ 세탁하지 않은 작업복이나 신발 등이 가족 구성원과 접촉하지 않게 한다.

79. 병원에서의 코로나19 예방수칙은?

① 내원하거나 병문안을 할 때(특히 감염내과, 호흡기내과)는 마스크를 반드시 착용한다.

② 호흡기 증상(발열, 기침, 재채기 등)이 있는 사람과의 접촉을 최대한 피한다.

③ 개인위생을 철저히 하며 기침이나 재채기를 할 때는 휴지 등으로 코와 입을 완전히 막는다.

④ 손 세정제나 에탄올 소독제로 손을 청결히 한다. 씻지 않은 손으로 눈, 코, 입을 만지지 않는다.

⑤ 사용한 휴지 등은 별도로 준비한 비닐봉지에 넣어 밀폐한 후 '기타 쓰레기'로 분리 배출하거나 의료폐기물로 버린다.

80. 대학교에서의 코로나19 예방수칙은?

① 교수나 학생 간 모임 활동을 자
제한다.

② 학교 안전 관리자는 감염병 예
방 교육을 실시한다.

③ 교내에서 발열, 기침 등 호흡기
증상자가 나오면 격리하여 근
무 및 학습 활동을 자제하도록
한다.

④ 방학 기간에는 감염자 발생 지역의 지역사회 감염 관련
정보를 신속히 파악하여 학생의 동선을 중점적으로 관찰
한다.

⑤ 매일 오전과 오후에 체온을 측정하고 발열, 기침 및 기타 호
흡기 증상을 파악한다.

⑥ 학교는 일회용 마스크, 소독용품, 일회용 장갑, 손 소독제 등
을 일정 수량 구비해놓아야 한다.

⑦ 교내 안전 관리자는 교실, 기숙사, 식당, 도서관 등 공공시설
에 대해 청결, 환기, 소독 등이 정상적으로 이뤄질 수 있도록
관리 감독한다.

81. 초중고등학교에서의 코로나19 예방수칙은?

① 학교 및 유치원에서는 코로나19 감염병 예방 방안을 마련하고 안전 관리자에게 관리 감독하도록 한다.

② 학교 안전 관리자는 감염병 예방 교육을 실시한다.

③ 교내 보건실 직원과 일반 교직원은 학생 질병 관리를 강화한다. 매일 오전과 오후에 체온을 측정하고 발열, 기침 등 호흡기 증상 여부를 파악한다. 관련 증상자가 나타나면 즉시 보건 당국에 통보하여 격리 조치한다.

④ 교내 환경을 습하지 않게 건조시키는 등 위생관리를 철저히 한다. 실내를 수시로 환기하고 공공장소 및 시설을 매일 소독한다. 손을 청결히 할 수 있도록 손 소독제와 세정제를 구비한다.

⑤ 교내 모임 활동을 자제하고, 교실에서는 1인 좌석으로 배치하여 여러 명이 짝지어 앉는 것을 막는다. 학생들은 서로 일정 거리를 유지하며 식당에서는 조를 나누어 식사한다.

⑥ 학생의 교외 활동에 대한 정보를 실시간으로 수집한다.

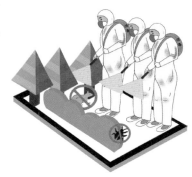

82. 공공학습 장소에서의 코로나19 예방수칙은?

① 교실

교실은 상대적으로 많은 학생들이 밀집하는 곳으로 항시 내부 청결을 유지해야 한다. 교실을 주기적으로 소독하며, 매일 3회 이상 20~30분씩 환기한다. 환기 시에는 보온에 주의한다.

학생들은 마스크를 착용하며 서로 적당한 거리를 유지한다. 손을 자주 씻고 물을 자주 마신다. 교실에서 모여 이야기를 나누거나 음식을 먹는 행위를 자제한다.

② 도서관

도서관은 교사 및 학생이 공부하는 공공장소로 도서관에서 근무하는 인원은 보호구를 착용하도록 한다. 내부 환기, 건조, 청결에 유의하고 매일 소독한다. 책이나 책장을 만진 후에는 반드시 손을 씻거나 손 소독을 한다. 책을 읽을 때는 마스크를 착용하며 눈, 코, 입을 만지지 않는다.

③ 실험실

실험실은 학교에서 중요한 공공시설로 실험자는 실험 시간에 라텍스 장갑과 마스크를 반드시 착용한다. 실험이 끝나면 실험 재료를 절차에 따라 폐기하며, 실험 시설 및 기구는 즉시 소독한다. 손을 청결히 하는 데 특히 주의한다.

83. 학생 공동생활 장소에서의 코로나19 예방수칙은?

① 식당

식당 내 식품위생 안전에 대한 관리 감독을 철저히 하며 특히 육류 식품의 관리를 강화한다. 식당 직원은 매일 출근 전 체온 검사를 하며, 마스크를 착용하고 손을 씻은 후 근무한다. 규정에 따라 수시로 마스크를 교체한다. 주방, 식사 공간, 식기 등은 매일 자외선 소독을 한다. 식당 내 화장실에는 손 세정제와 소독제 등을 갖춘다. 식사 시간을 적절히 안배하여 학생 간 일정 거리를 유지할 수 있도록 한다.

② 운동장

적절한 운동은 신체 건강에 도움을 준다. 단, 과도한 운동은 면역력을 저하시키므로 주의한다. 운동 시에 학생들의 밀접접촉을 막는다.

③ 기숙사

정기적인 소독과 청소로 청결한 환경을 유지하고 수시로 환기한다. 외출에서 돌아오면 반드시 손을 씻는다. 샤워 및 세탁 등 개인위생 관리를 철저히 한다. 휴식과 수면 시간을 충분히 갖도록 한다.

84. 요양원에서의 코로나19 예방수칙은?

① 요양원 종사자는 입소자를 밀착 관리해야 한다. 외출자나 방문객 및 새로운 입소자를 엄격히 관리한다.

② 요양원 내 노인 확진자 발생 시 감염자의 동선을 파악하고, 확진 환자와 밀접 접촉한 인원을 즉시 파악하여 격리 조치한다.

③ 요양원 종사자는 감염 예방을 위한 방역 수칙을 숙지한다. 24시간 당직 체계를 갖추어 응급상황에 항시 대응할 수 있도록 한다.

④ 감염 예방을 위한 방역 장비를 충분히 구비하고, 노인들에게 마스크, 손 세정제 등 개인 보호 용품을 지급한다.

⑤ 감염병 예방을 위한 실내 위생관리를 철저히 한다. 쓰레기통은 즉시 비우고, 실내 환기와 소독을 수시로 한다.

⑥ 감염병 예방을 위해 입소자의 체온 및 관련 증상을 매일 파악한다. 이상 징후 발생 시 격리 조치하고 보건 당국에 신고한다.

⑦ 노인에게 감염병 예방 관련 지식을 적극적으로 알려 좋은 보건 위생 습관을 기르게 도와준다.

85. 회사 구내식당에서의
코로나19 예방수칙은?

구내식당에서는 식사를 교대로 하거나 식사 시간을 분배하여 식당 이용객을 최대한 분산시킨다. 식사 시 마주 보고 앉는 것을 피하고, 대화 역시 최대한 자제한다. 개인 식기로 음식을 포장한 후 사무실에서 혼자 식사하는 방식도 가능하다. 식사 전에는 손을 꼭 씻도록 하며, 자리에 앉아 음식을 먹기 직전까지 마스크를 벗지 않는다.

식당 종사자는 개인위생을 철저히 한다. 감염병 유행 시기에는 주방 직원과 안내 직원 모두 유니폼, 모자 등 일반적인 위생 장비 외에 일회용 마스크와 위생장갑을 착용하며, 이는 주기적으로 교체한다. 식당 종사자들은 매일 오전, 오후 체온을 측정한다. 발열, 기침, 무기력증 등 코로나19 관련 증상이 나타날 경우 즉시 격리해 진료를 받도록 하며, 유증상자가 접촉한 곳과 해당 물품은 소독한다. 유증상자는 바이러스 음성 판정 전까지 출근하지 않는다. 설사나 외상 등 식품 위생에 영향을 줄 수 있는 증상이 있는 근무자도 출근하지 않는다.

6장

감염병에 대해 알아두어야 할 상식은?

감염병 관리, 슈퍼전파 상황, 무증상 감염자, 의학 관찰

86. 법정감염병이란 무엇일까?

법정감염병이란 〈감염병의 예방 및 관리에 관한 법률〉에서 열거, 규정하고 있는 감염병이다. 이 법은 질병으로 인한 사회적 손실을 최소화하기 위해 환자와 그 가족, 의료인 및 국가의 권리와 의무를 명시하고 있다. 우리나라의 법정 감염병 분류체계는 2020년 1월 1일 다음과 같이 개편되었다. 현재 코로나19는 신종감염병증후군에 속하는 1급 법정감염병으로 분류하여 대응, 관리하고 있다.

① 1급 감염병: 생물테러감염병 또는 치명률이 높거나 집단 발생 우려가 커서 발생 또는 유행 즉시 신고하고 음압 격리가 필요한 감염병. 에볼라, 페스트, 사스, 메르스, 신종감염병증후군 등.

② 2급 감염병: 전파 가능성을 고려하여 발생 또는 유행 시 24시간 이내에 신고하고 격리가 필요한 감염병. 결핵, 홍역, 장티푸스 등.

③ 3급 감염병: 발생 또는 유행 시 24시간 이내에 신고하고 발생을 계속 감시할 필요가 있는 감염병. 파상풍, B형간염, 말라리아 등.

④ 4급 감염병: 1~3급 감염병 외에 유행 여부를 조사하기 위해 표본감시 활동이 필요한 감염병. 인플루엔자, 매독, 수족구병 등.

87. 슈퍼전파 상황이란 무엇일까?

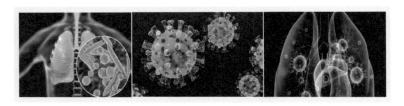

바이러스는 감염자의 체내에서 변이 또는 적응한 후에 전파력이 더 강해진다. 이런 경우 감염자는 많은 접촉자를 감염시킬 수 있게 되는데, 이때를 슈퍼전파 상황이라 한다. 만약 한 명의 감염자가 3명 이상의 접촉자를 감염시켰다면 이 감염자는 슈퍼전파 상황이 될 수 있다. 피감염자 수가 10명이 넘었다면 비교적 확실하게 슈퍼전파 상황이라 할 수 있다.

바이러스는 전파 중에 변이할 수 있다. 바이러스가 변이하면 발병률이 더 높아지거나, 감염 후 증상이 더 심각해지거나, 중증 환자의 장기 손상이 더욱 심해지고 사망에 이르게 되는 등의 변화가 생길 수 있다.

88. 무증상 감염자란 무엇일까?

무증상 감염자는 병원체에 감염됐지만 임상 증상이 나타나지 않은 감염자를 말한다. 일반적으로 병원체는 인체를 감염시킨 후 체내에서 복제와 발육 과정을 거친다. 이 과정 중에 감염자에게 임상 증상이 나타나지 않을 수 있으며, 이때는 실험적 검사로만 병원체를 검출할 수 있다.

현재 코로나19의 무증상 감염자는 유증상 감염자와 마찬가지로 전염력이 있을 수 있다고 알려져 있으나 유행에 미치는 영향은 미미하다.

89. 의학적 격리 관찰이란 무엇일까?

감염자와 의심 환자의 밀접접촉자는 지정된 장소에서 의학적 관찰을 하거나 기타 예방 조치를 받아야 한다.

밀접접촉자에 대한 조치:

① 7~14일간 의학 관찰을 진행한다.

② 가급적 외출을 삼간다.

③ 보건 당국은 주기적으로 밀접접촉자를 방문하여 체온과 건강 상태를 검사하고 기록한다.

90. 중증 환자의 이송은 어떻게 이뤄져야 할까?

　위중한 감염 환자가 발생하면 반드시 관할 보건소에 연락해야 한다. 전문 의료인은 구급차를 동원해 환자를 지정 의료기관으로 이송하여 치료한다. 동승한 환자의 가족은 마스크를 쓰고 보호복을 입는 등의 보호 조치를 해야 한다. 구급차가 바이러스로 오염되는 것을 방지하기 위해 음압 구급차를 이용한다. 음압 구급차는 차량 내부를 음압 상태로 만들며, 내부 공기를 멸균해서 배출하므로 음압 구급차를 이용하면 감염자를 이송할 때 의료인의 교차 감염을 방지할 수 있다. 음압 구급차는 감염자를 이송하는 최고의 선택지다.

부록: 자가격리 의학 관찰 기록표

날짜	측정 항목							
	체온	정신 상태	피로감	근육통	기침	설사	흉통	호흡 곤란
1일								
2일								
3일								
4일								
5일								
6일								
7일								
8일								
9일								
10일								
11일								
12일								
13일								
14일								
총평								

자가 기록 방법

체온은 측정된 온도를 기록한다. 기타 측정 항목은 1~5점으로 평가해 기록한다.

(1점: 극도로 불편, 2점: 매우 불편, 3점: 비교적 불편, 4점: 보통, 5점: 정상)

단, 하루라도 체온이 정상 수치(겨드랑이 체온 기준 36~37℃)보다 높을 경우, 기타 측정 항목에서 3점 이하 항목이 하나라도 있으면 의료인에게 문의한다.

후기

　광둥에서 시작된 사스가 2003년 중국을 강타했고, 나아가 전 세계를 휩쓸었다. 사스의 코로나바이러스(SARS-CoV)는 박쥐에서 기원하여 사향고양이를 통해 인간에게 전파됐다는 것이 연구로 입증되었다. 코로나19 바이러스(SARS-CoV-2)의 유전자 배열 역시 박쥐 체내의 코로나바이러스와 85% 이상 일치한다는 사실이 이미 밝혀졌다. 어떤 야생동물이 중간 전달자가 됐는지는 아직 알려지지 않았지만, 야생동물이 인간에게 감염병을 옮긴다는 증거는 확보된 것이다. 사실 질병을 일으킨 '원흉'은 야생동물이 아니라 우리 인간이다. 인간은 자연환경을 파괴하고, 야생동물을 사냥하며, 비위생적으로 생활하고, 올바르지 않은 식습관을 가짐으로써 같은 비극을 다시금 반복하고 말았다. 감염병이 발생하여 전파되고 유행하는 것은 인류와 자연의 평형을 위한 피동적 선택이라 생각한다.

　앞으로 있을 인류 사회의 진보와 발전은 감염병의 위협을 수반하지 않아야 한다. 우리는 여기서 사람들에게 자연을 경외하고, 과학을 존중하며, 문명 생활을 영위해야 함을 말하고 싶다. 우리는 이 질병을 빠르게 이겨낼 것이고, 앞으로 인류와 자연이 새로운 조화와 평형을 이루리라 믿는다.

옮긴이 전호상

한국 국적 중국 의사로, 우한시 퉁지병원 성형외과에서 수학 중이다. 중국어 출판번역모임 '행단'의 번역가로 활동하며 중국 문화를 알리기 위해 노력하고 있다. 2020년 2월 우한에서 정부가 보낸 전세기편으로 귀국한 그는 『코로나19 예방·통제 핸드북』 번역을 통해 코로나19 방역에 기여할 기회를 얻게 된 것을 기쁘게 여기고 있다.

코로나19 예방·통제 핸드북

초판 1쇄 인쇄 2020년 3월 10일
초판 1쇄 발행 2020년 3월 18일

지은이 저우왕, 왕치앙, 후커, 장짜이치
옮긴이 전호상
감　수 엄중식
펴낸이 이수철
본부장 신승철
주　간 하지순
디자인 권석중
마케팅 안치환
관　리 전수연

펴낸곳 나무옆의자
출판등록 제396-2013-000037호
주소 (03970) 서울시 마포구 성미산로1길 67 다산빌딩 3층
전화 02) 790-6630 팩스 02) 718-5752

페이스북 www.facebook.com/namubench9
인쇄 제본 현문자현

ISBN 979-11-6157-091-4 03470

* 나무옆의자는 출판인쇄그룹 현문의 자회사입니다.
* 이 책의 전부 또는 일부 내용을 재사용하려면
　사전에 저작권자와 도서출판 나무옆의자의 동의를 받아야 합니다.